Albert Einsteins Theorien über das Licht, die Gravitation und Relativität

FSC
www.fsc.org
MIX
Papier aus verantwortungsvollen Quellen
Paper from responsible sources
FSC® C105338

Dr. rer. pol. Erik Kolek

Albert Einsteins Theorien über das Licht, die Gravitation und Relativität

Chroniken der Wirtschaftsinformatik-Physik (CWIP)

Band 5, Auflagen-Nr. 1.0

2025

Impressum

Wissenschaftliche Zitierung:

Kolek, Erik (2025). Albert Einsteins Theorien über das Licht, die Gravitation und Relativität. In: *Chroniken der Wirtschaftsinformatik-Physik (CWIP).* Band 5, Auflagen-Nr. 1.0. ISBN: 978-3-8482-6078-2.

Die Chroniken der Wirtschaftsinformatik-Physik (CWIP) bestehen aus zitierten bedeutsamen wissenschaftlichen Abhandlungen und den einzeln veröffentlichten Forschungsartikeln des Autors Dr. rer. pol. Erik Kolek. Als ein Autor und ein Herausgeber der Chroniken der Wirtschaftsinformatik-Physik (CWIP) ist Dr. rer. pol. Erik Kolek (erster.kontakt@erikkolek.de) auch verantwortlich für Lektorat, Übersetzung, Satz, Gestaltung (inklusive Umschlag), Texte, Bilder und Titelbild. Verlag: BoD · Books on Demand GmbH, Überseering 33, 22297 Hamburg, Germany, bod@bod.de. Druck: Libri Plureos GmbH, Friedensallee 273, 22763 Hamburg, Germany.

Bibliografische Information der Deutschen Nationalbibliothek: Die Deutsche Nationalbibliothek verzeichnet diese Publikation in der Deutschen Nationalbibliografie; detaillierte bibliografische Daten sind im Internet über dnb.dnb.de abrufbar.

Vorwort

In diesem Büchlein geht es um Albert Einsteins Theorien über das Licht, die Gravitation und Relativität. Herangezogen werden die *Annalen der Physik*-Fachartikel von Albert Einstein. Diese Artikel werden als bekannt vorausgesetzt. Hier sollen nur Erweiterungen von Erik Kolek präsentiert werden. Bei den Erweiterungen handelt es sich um eigene Gedanken und Meinungen von Erik Kolek. Zunächst werden folgende ausgewählte Inhalte betrachtet:

- Zur Theorie der Lichterzeugung und Lichtabsorption [*Annalen der Physik* 20, 199 (1906)]
- Über die Möglichkeit einer neuen Prüfung des Relativitätsprinzips [*Annalen der Physik* 23, 197 (1907)]
- Über die vom Relativitätsprinzip geforderte Trägheit der Energie [*Annalen der Physik* 23, 371 (1907)]
- Über den Einfluss der Schwerkraft auf die Ausbreitung des Lichtes [*Annalen der Physik* 35, 898 (1911)]
- Lichtgeschwindigkeit und Statik des Gravitationsfeldes [*Annalen der Physik* 38, 355 (1912)]
- Zur Theorie des statischen Gravitationsfeldes [*Annalen der Physik* 38, 443 (1912)]
- Relativität und Gravitation. Erwiderung auf eine Bemerkung von M. Abraham [*Annalen der Physik* 38, 1059 (1912)]
- Die Nordströmsche Gravitationstheorie vom Standpunkt des absoluten Differentialkalküls [*Annalen der Physik* 44, 321 (1914)]
- Über Friedrich Kottlers Abhandlung „Über Einsteins Äquivalenzhypothese und die Gravitation“ [*Annalen der Physik* 51, 639 (1916)]
- Prinzipielles zur allgemeinen Relativitätstheorie [*Annalen der Physik* 55, 241 (1918)]

Eine Erweiterung der Grundlage der allgemeinen Relativitätstheorie von Albert Einstein [*Annalen der Physik* 49, 769 (1916)] findet sich in meinem Buch über die physikalischen Grundlagen der interstellaren Raumfahrt. Wer sich für die Arbeiten von Albert Einstein aus dem Jahr 1905 interessiert, dem empfehle ich mein Büchlein „In Erinnerung an Albert Einsteins Wunderjahr 1905“. Eine Erweiterung der speziellen Relativitätstheorie von Albert Einstein führte zur Theorie über die Quantengravitation und ist ebenfalls nachzulesen in den physikalischen Grundlagen der interstellaren Raumfahrt. In diesem Buch wird auch das Thema Schwarzes Loch näher erörtert. Wer mehr über den Warpantrieb erfahren möchte, dem lege ich mein Buch über die technologischen Grundlagen der interstellaren Raumfahrt ans Herz.

Um zurückzukommen auf das eigentliche Thema möchte ich hervorheben, dass die ausgewählten Fachartikel sehr schön das Thema Licht, Gravitation und Relativität widerspiegeln. Die Lichtquantenhypothese führt zu neuen Annahmen über die Strahlung von schwarzen Körpern. Das Relativitätsprinzip hat einen Zusammenhang mit der Konstanz der Geschwindigkeit des Lichtes. Die Energie ist nicht direkt von der Masse abhängig. Energiereiche Massenpunkte besitzen Trägheit und Schwere. Die Ablenkung α der Lichtstrahlen hängt zusammen mit deren Geschwindigkeit c und der Gravitationskonstanten k sowie der Masse M des Körpers an dem das Licht vorbeiläuft. Die Lokalzeit l ist abhängig von der Masse M und der Lichtgeschwindigkeit c in einem Raum-Zeitbereich. Die Masse kann einen Einfluss auf die Energiedichte des Gravitationsfeldes haben. Die Trägheit beziehungsweise Schwere der Masse sind hierbei wichtige Eigenschaften zur Erklärung des statischen Gravitationsfeldes. Das Prinzip der Konstanz der Lichtgeschwindigkeit muss in diesem Kontext beibehalten werden. Allgemein kovariante Gleichungen führen dazu, dass das Äquivalenzprinzip weiterhin gültig ist. Die Gravitationsfeldgleichungen werden um ein Postulat erweitert.

Für das Verständnis der Formeln werden Kenntnisse der euklidischen Mathematik und theoretischen Physik vorausgesetzt. Die Leser beziehungsweise Leserinnen werden dazu aufgefordert die Inhalte in gegebener Reihenfolge aufzunehmen. Alternativ kann thematisch sortiert nach Licht, Gravitation und Relativität gelesen werden. Lange Inhaltssätze müssen mit etwas Fleiß und Ausdauer verinnerlicht werden. Der Autor Erik Kolek wünscht Ihnen eine angenehme Lektüre und viele neue Erkenntnisse. Als letztes sei noch einmal betont, dass es sich bei den Erweiterungen durch Erik Kolek um seine eigenen Gedanken und Meinungen handelt.

Schwäbisch Hall, den 18. Mai 2025.

Erik Kolek

Doktor der Wirtschaftswissenschaften (Dr. rer. pol.)

Diplom-Betriebswirt (FH), M.A., M.Sc.

Inhaltsverzeichnis

Wissenschaftliche Zitierung:

Kolek, Erik (2025). Zur Theorie der Lichterzeugung und Lichtabsorption – Eine Erweiterung. In: *Albert Einsteins Theorien über das Licht, die Gravitation und Relativität.* Chroniken der Wirtschaftsinformatik-Physik (CWIP). Band 5, Auflagen-Nr. 1.0.

Zur Theorie der Lichterzeugung und Lichtabsorption – Eine Erweiterung; von E. Kolek.

Aus der Gleichung (3) folgt:

$$L^3 = \frac{\hat{E}_v 8\pi v^2}{\varrho_v}$$

$$\varrho_v = \frac{R}{N}\frac{8\pi v^2}{(\frac{\hat{E}_v 8\pi v^2}{\varrho_v})}T = \frac{R}{N}\frac{1}{\frac{\hat{E}_v}{\varrho_v}}T$$

$$\varrho_v = \frac{R}{N}\frac{\varrho_v}{\hat{E}_v}T = 1 = \frac{R}{N}\frac{1}{\hat{E}_v}T$$

$$\hat{E}_v = \frac{R}{N}T$$

Aus der mittleren Energie $\hat{E}_v$ eines Resonators von der Eigenfrequenz v kann ein direkter Zusammenhang zur Temperatur T hergestellt werden. $\hat{E}_v$ wurde als Funktion der Temperatur bestimmt. Es handelt sich bei der Gleichung um eine neue Formel für die Strahlung des schwarzen Körpers. Letztere basiert auf der Plankschen Strahlungstheorie sowie auf Albert Einsteins „Molekulartheorie der Wärme zusammen mit der Maxwellschen Theorie der Elektrizität und Elektronentheorie" (Einstein, 1906, S. 200). Beide Theorien bleiben also weiterhin bestehen in der Physik.

„Je stärker elektropositiv ein Metall ist, desto kleiner ist die unterste wirksame Lichtfrequenz für das betreffende Metall" (Einstein, 1906, S. 206). Daraus folgt: Je schwächer elektropositiv ein Metall ist, desto größer ist die oberste wirksame Lichtfrequenz für das betreffende Metall (Einstein, 1906).

$$\beta \geq \frac{V_{\in}}{\frac{R}{N}v}$$

$$V \leq \frac{R}{A}\left(\frac{V_{\in}}{\frac{R}{N}v}\right)v$$

$$V \leq \frac{RV_{\in}v}{\frac{R}{N}Av} \leq \frac{V_{\in}}{\frac{1}{N}A} \leq \frac{V_{\in}N}{A}$$

A entspricht der Ladung eines Grammoleküls eines einwertigen Ions. $V_{\in}$ steht für die Energieladung. Es wird angenommen, dass N die Gesamtzahl der Moleküle darstellt. V steht für die Energie der Lichtquanten. Ob letzteres Formel für quantitative Beziehungen gültig sein könnte, wird das Experiment zeigen können. Jedenfalls wurden kleinste Lichtfrequenzen v bereits aus der Gleichung eliminiert. Insgesamt wurde die Gleichung sehr vereinfacht.

Schwäbisch Hall, den 14. Mai 2025.

Referenz

Einstein, A. (1906). Zur Theorie der Lichterzeugung und Lichtabsorption. *Annalen der Physik* 20, 199.

Wissenschaftliche Zitierung:

Kolek, Erik (2025). Über die Möglichkeit einer neuen Prüfung des Relativitätsprinzips – Eine Erweiterung. In: *Albert Einsteins Theorien über das Licht, die Gravitation und Relativität.* Chroniken der Wirtschaftsinformatik-Physik (CWIP). Band 5, Auflagen-Nr. 1.0.

Über die Möglichkeit einer neuen Prüfung des Relativitätsprinzips – Eine Erweiterung; von E. Kolek.

Das Relativitätsprinzip kann bezüglich der Konstanz der Geschwindigkeit des Lichtes beurteilt beziehungsweise bestimmt werden. Dazu muss gelten, das V = c ist. Die Uhr im bewegten System läuft dann schneller als von einem unbewegten Beobachter aus beurteilt. Folgende Gleichungen sind dann anzunehmen für die Lichtgeschwindigkeit:

$$\frac{v}{v_0} = \sqrt{1 - (\frac{v}{c})^2}$$

oder

$$\frac{v - v_0}{v_0} = -\frac{1}{2}(\frac{v}{c})^2$$

Schwäbisch Hall, den 15. Mai 2025.

Referenz

Einstein, A. (1907). Über die Möglichkeit einer neuen Prüfung des Relativitätsprinzips. *Annalen der Physik* 23, 197.

Wissenschaftliche Zitierung:

Kolek, Erik (2025). Über die vom Relativitätsprinzip geforderte Trägheit der Energie – Eine Erweiterung. In: *Albert Einsteins Theorien über das Licht, die Gravitation und Relativität.* Chroniken der Wirtschaftsinformatik-Physik (CWIP). Band 5, Auflagen-Nr. 1.0.

Über die vom Relativitätsprinzip geforderte Trägheit der Energie – Eine Erweiterung; von E. Kolek.

„In Bezug auf die Abhängigkeit der Energie vom Bewegungszustand des Koordinatensystems, auf welches die Vorgänge bezogen werden, lässt sich ein System gleichförmig bewegter Massenpunkte ersetzen durch einen einzigen Massenpunkt von der“ (Einstein, 1907, S. 384) Energie $E_0 = \mu V^2$. Für die Masse μ erhalten wir folgenden Ausdruck:

$$\mu = \frac{\in}{V^2}\sqrt{1-(\frac{v}{V})^2}$$

Eingesetzt in $E_0 = \mu V^2$ ergibt dann:

$$E_0 = \left(\frac{\in}{V^2}\sqrt{1-\left(\frac{v}{V}\right)^2}\right)V^2 = \in \sqrt{1-(\frac{v}{V})^2}$$

Die Gesamtenergie E entspricht dann:

$$E = \frac{\in \sqrt{1-(\frac{v}{V})^2}}{V^2} V^2 \frac{1}{\sqrt{1-(\frac{v}{V})^2}}$$

$$E = \in$$

„Ein System bewegter Massenpunkte besitzt also – als ganzes genommen – desto“ weniger „Trägheit, je“ langsamer „die Massenpunkte relativ zueinander bewegt sind“ (Einstein, 1907, S. 384).

Schwäbisch Hall, den 15. Mai 2025.

Referenz

Einstein, A. (1907). Über die vom Relativitätsprinzip geforderte Trägheit der Energie. *Annalen der Physik* 23, 371.

Wissenschaftliche Zitierung:

Kolek, Erik (2025). Über den Einfluss der Schwerkraft auf die Ausbreitung des Lichtes – Eine Erweiterung. In: *Albert Einsteins Theorien über das Licht, die Gravitation und Relativität.* Chroniken der Wirtschaftsinformatik-Physik (CWIP). Band 5, Auflagen-Nr. 1.0.

Über den Einfluss der Schwerkraft auf die Ausbreitung des Lichtes – Eine Erweiterung; von E. Kolek.

Der Krümmungswinkel des Lichtstrahls kann auch ohne *dt* mittels *c* dargestellt werden. Wir erhalten:

$$c_1 - c_2 = -\frac{\partial c}{\partial n'}$$

Der Winkel wird weiterhin positiv kalkuliert, falls der Lichtstrahl nach n' gekrümmt erscheint. Es gilt:

$$c_2 = c_1 + \frac{\partial c}{\partial n'}$$

Wir erhalten für die Ablenkung α, die ein Lichtstrahl auf seiner Strecke (s) nach der Seite n' erfährt, die Gleichung

$$\alpha = -\frac{1}{c}\int \frac{\partial c}{\partial n'} ds$$

Nach der letzten Gleichung erfährt ein Lichtstrahl die Ablenkung zur Seite reduzierten Schwerepotentials, das heißt nach dem Körper zugeneigten Seite den Wert:

$$\alpha = \frac{1}{c}\int \frac{kM}{r^2} \cos v \, ds = \frac{2kM}{c\Delta}$$

k ist die Gravitationskonstante. M ist die Masse des Körpers. Δ ist der Abstand des Lichtstrahls zum Mittelpunkt des Körpers. Für den Planeten Jupiter gilt:

$$\alpha = \frac{2kM}{100c\Delta} = \frac{kM}{50c\Delta}$$

Der Einfluss der Schwerefelder auf die Ausbreitung des Lichtes muss noch näher erforscht werden. Die hier angegebenen Ergebnisse sind nur in erster Näherung gültig. Aufgrund der Ablenkung α lässt sich die Masse M bestimmen.

$$\frac{\alpha}{M} = \frac{2k}{c\Delta} = M = \frac{\frac{2k}{c\Delta}}{\alpha}$$

Eingesetzt in die Formel für E/c^2 ergibt:

$$\left(\frac{\frac{2k}{c\Delta}}{\alpha}\right)' - \left(\frac{\frac{2k}{c\Delta}}{\alpha}\right) = \frac{E}{c^2}$$

Die Schwere der Masse lässt sich also auch anhand der Ablenkung der Lichtstrahlen bestimmen. Hier spielen die Gravitationskonstante k und die Lichtgeschwindigkeit c eine zentrale Rolle. Letzteres entspricht der Relativitätstheorie. Für c ergibt sich folgende Formel:

$$c = \frac{2kM}{c\Delta}$$

Bringen wir c in Beziehung mit der Lichtgeschwindigkeit in Abhängigkeit von dem Schwerepotential, so gilt:

$$(\frac{2kM}{\alpha\Delta}) = (\frac{2kM}{\alpha\Delta})(1 + \frac{\Phi}{\left(\frac{2kM}{\alpha\Delta}\right)^2})$$

Die Theorie der Konstanz der Lichtgeschwindigkeit gilt hier nicht ganz genauso wie in der Relativitätstheorie.

Schwäbisch Hall, den 15. Mai 2025.

Referenz

Einstein, A. (1911). Über den Einfluss der Schwerkraft auf die Ausbreitung des Lichtes. *Annalen der Physik* 35, 898.

Wissenschaftliche Zitierung:

Kolek, Erik (2025). Lichtgeschwindigkeit und Statik des Gravitationsfeldes – Eine Erweiterung. In: *Albert Einsteins Theorien über das Licht, die Gravitation und Relativität.* Chroniken der Wirtschaftsinformatik-Physik (CWIP), Band 5, Auflagen-Nr. 1.0.

Lichtgeschwindigkeit und Statik des Gravitationsfeldes – Eine Erweiterung; von E. Kolek.

Für die Masse unabhängig vom Gravitationspotential gilt folgende Gleichung:

$$m = \frac{E\sqrt{1 - \frac{q^2}{c^2}}}{c}$$

oder in Annäherung

$$\frac{2cE}{c} = mc + \frac{m}{2c}q^2 = \frac{2E}{1} = 2mq^2$$

$$\frac{2E}{2q^2} = m = \frac{E}{q^2}$$

Die Masse m ist im Schwerefeld abhängig von der Energie E. Dies entspricht der gewöhnlichen Relativitätstheorie. Die kinetische Energie gleicht hier der Gravitationsenergie. Letztere ist abhängig vom Gravitationspotential c.

Für die Lokalzeit l kann auch gelten:

$l = ct$

oder vereinfacht dargestellt

$$l_1 c_1 t_1 = l_2 c_2 t_2$$

Letzteres ist die Gleichgewichtsbedingung unter der Berücksichtigung der Zeit t. Demnach gilt für die kinetische Energie:

$$\frac{m}{2ct}q^2 = \frac{ma^2}{2}ct$$

Wenn dx' und dt' keine vollständigen Differentiale darstellen, kann geschrieben werden:

$$x' = \frac{x - vt}{\sqrt{1 - \frac{v^2}{c^2}}}$$

$$t' = \frac{-\frac{v}{c^2}x + t}{\sqrt{1 - \frac{v^2}{c^2}}}$$

Man kann nicht für unendlich kleine Raum-Zeitbereiche an der Lorentztransformation festhalten, falls die universelle Konstanz von c aufgegeben wurde.

Schwäbisch Hall, den 16. Mai 2025.

Referenz

Einstein, A. (1912). Lichtgeschwindigkeit und Statik des Gravitationsfeldes. *Annalen der Physik* 38, 355.

Wissenschaftliche Zitierung:

Kolek, Erik (2025). Zur Theorie des statischen Gravitationsfeldes – Eine Erweiterung. In: *Albert Einsteins Theorien über das Licht, die Gravitation und Relativität.* Chroniken der Wirtschaftsinformatik-Physik (CWIP). Band 5, Auflagen-Nr. 1.0.

Zur Theorie des statischen Gravitationsfeldes – Eine Erweiterung; von E. Kolek.

Albert Einstein hat die „Energiedichte des Gravitationsfeldes" wie folgt bestimmt (Einstein, 1912, S. 458):

$$\frac{1}{2k}\frac{grad^2 c}{c} = \frac{grad^2 c}{2kc}$$

Es ist auffällig, dass die Masse in der obigen Gleichung keine Berücksichtigung findet. Hierzu lässt sich eine Beziehung zur Bewegungsgleichung nach Lagrange aufbauen, indem gesagt wird:

$$H = -m\sqrt{c^2 - q^2} = -(\frac{H}{m})^2 = c^2 - q^2$$

$$c = -\frac{H}{m} + q$$

Eingesetzt in die Energiedichte des Gravitationsfeldes ergibt dann:

$$\frac{grad^2(-\frac{H}{m} + q)}{2k(-\frac{H}{m} + q)}$$

wobei

$$\partial E = \partial A = \int c\partial\sigma d\tau = \int (-\frac{H}{m} + q)\partial\sigma d\tau$$

ist.

Weiterhin kann für die Änderung der Energiedichte des Gravitationsfeldes angenommen werden:

$$\Delta\left(-\frac{H}{m}+q\right)=k\{\left(-\frac{H}{m}+q\right)\sigma+\frac{grad^2(-\frac{H}{m}+q)}{2k(-\frac{H}{m}+q)}\}$$

Für materielle Punkte wird ersichtlich, dass deren Schwere gleich Trägheit einen Einfluss auf die Energiedichte des Gravitationsfeldes haben können.

Schwäbisch Hall, den 16. Mai 2025.

Referenz

Einstein, A. (1912). Zur Theorie des statischen Gravitationsfeldes. *Annalen der Physik* 38, 443.

Wissenschaftliche Zitierung:

Kolek, Erik (2025). Relativität und Gravitation. Erwiderung auf eine Bemerkung von M. Abraham – Eine Erweiterung. In: *Albert Einsteins Theorien über das Licht, die Gravitation und Relativität.* Chroniken der Wirtschaftsinformatik-Physik (CWIP). Band 5, Auflagen-Nr. 1.0.

Relativität und Gravitation. Erwiderung auf eine Bemerkung von M. Abraham – Eine Erweiterung; von E. Kolek.

Die Energiedichte im statischen Gravitationsfeld ist $\frac{grad^2 c}{2kc}$, wobei für die Energie folgendes geschrieben werden kann:

$$E = \frac{mc}{\sqrt{1 - \frac{q^2}{c^2}}}$$

Umgeformt nach c ergibt

$$c = \frac{E}{m}\sqrt{1 - \frac{q^2}{c^2}}$$

Letzterer Ausdruck kann eingefügt werden in die Energiedichte des statischen Gravitationsfeldes:

$$\frac{grad^2(\frac{E}{m}\sqrt{1 - \frac{q^2}{c^2}})}{2k(\frac{E}{m}\sqrt{1 - \frac{q^2}{c^2}})}$$

Die Trägheit beziehungsweise Schwere der Masse und Energie sind wichtige Eigenschaften im statischen Gravitationsfelde. Anstatt wie angegeben in der Relativitätstheorie E/c^2 wird hier mit E/m gerechnet. Es bleibt dabei, dass jede schwere Masse auch eine träge Masse darstellt. Der Energie E wird letzteres zugeschrieben.

Schwäbisch Hall, den 17. Mai 2025.

Referenz

Einstein, A. (1912). Relativität und Gravitation. Erwiderung auf eine Bemerkung von M. Abraham. *Annalen der Physik* 38, 1059.

Wissenschaftliche Zitierung:

Kolek, Erik (2025). Die Nordströmsche Gravitationstheorie vom Standpunkt des absoluten Differentialkalküls – Eine Erweiterung. In: *Albert Einsteins Theorien über das Licht, die Gravitation und Relativität.* Chroniken der Wirtschaftsinformatik-Physik (CWIP). Band 5, Auflagen-Nr. 1.0.

Die Nordströmsche Gravitationstheorie vom Standpunkt des absoluten Differentialkalküls – Eine Erweiterung; von E. Kolek.

Die Konstanz der Lichtgeschwindigkeit muss beibehalten werden, um zu einer glaubwürdigen Gravitationstheorie gelangen zu können. Die zehn Raum-Zeitfunktionen $g_{\mu\nu}$ bleiben gültig. Für die Invariante *ds* gilt demnach:

$$ds = \sqrt{\sum_{\mu\nu} g_{\mu\nu} dx_\mu dx_\nu}$$

Letzteres entspricht der Grundlage der allgemeinen Relativitätstheorie von Albert Einstein [*Annalen der Physik* 49, 769 (1916)]. Damit die Konstanz der Lichtgeschwindigkeit erfüllt ist, muss gelten:

$$\sqrt{\sum_{\mu\nu} g_{\mu\nu} dx_\mu dx_\nu} = 0$$

wobei

$x_1 = x, x_2 = y, x_3 = z \; und \; x_4 = ct$ ist.

Vereinfacht kann geschrieben werden:

$$\sqrt{\sum_{\mu\nu} g_{\mu\nu} dx_\mu dx_\nu} = dx_1^2 + dx_2^2 + dx_3^2 - dx_4^2$$

Eine Reduzierung auf eine einzige Größe wurde hierbei vernachlässigt zur Veranschaulichung des Sinns der Nordströmschen Gravitationstheorie.

$$ds^2 = dx_1^2 + dx_2^2 + dx_3^2 - dx_4^2$$

Der räumliche Verbindungsvektor lautet dann:

$$ds^2 = dx^2 + dy^2 + dz^2$$

Der zeitliche Vektor ist demnach:

$$ds^2 = -dx_4^2$$

oder

$$\frac{ds^2}{i} = dx_4^2$$

Das Bezugssystem lautet also:

$$ds = \sqrt{dx^2 + dy^2 + dz^2 - c^2dt^2}$$

Letzteres veranschaulicht unter fehlender Zuhilfenahme eines Faktors Φ die Koordinatenzeiten beziehungsweise Koordinatenlängen. Es bleibt bei einer allgemein kovarianten Gleichung. Zur Vereinfachung der Thematik wurde auf die Angabe detaillierter Modelltensoren verzichtet.

Schwäbisch Hall, den 17. Mai 2025.

Referenz

Einstein, A., Fokker, A. D. (1914). Die Nordströmsche Gravitationstheorie vom Standpunkt des absoluten Differentialkalküls. *Annalen der Physik* 44, 321.

Wissenschaftliche Zitierung:

Kolek, Erik (2025). Über Friedrich Kottlers Abhandlung „Über Einsteins Äquivalenzhypothese und die Gravitation" – Eine Erweiterung. In: *Albert Einsteins Theorien über das Licht, die Gravitation und Relativität.* Chroniken der Wirtschaftsinformatik-Physik (CWIP). Band 5, Auflagen-Nr. 1.0.

Über Friedrich Kottlers Abhandlung „Über Einsteins Äquivalenzhypothese und die Gravitation" – Eine Erweiterung; von E. Kolek.

Folgender Begriff gilt:

$$-\Gamma_{\alpha\beta}^{\nu} = \left\{ {\alpha \quad \beta \atop \nu} \right\}$$

Eingesetzt in die Bewegungsgleichung ergibt:

$$\frac{d^2 x_\nu}{ds^2} + \sum_{\alpha\beta} \left(-\Gamma_{\alpha\beta}^{\nu}\right) \frac{dx_\alpha}{ds} \frac{dx_\beta}{ds} = 0$$

Das Äquivalenzprinzip gilt hier weiterhin, da die Gleichungen allgemein kovariant sind. Zudem sind die Komponenten des Gravitationsfeldes berücksichtigt. Vom Standpunkt der Relativitätstheorie muss nicht mehr gesagt werden.

Schwäbisch Hall, den 17. Mai 2025.

Referenz

Einstein, A. (1916). Über Friedrich Kottlers Abhandlung „Über Einsteins Äquivalenzhypothese und die Gravitation". *Annalen der Physik* 51, 639.

Wissenschaftliche Zitierung:

Kolek, Erik (2025). Prinzipielles zur allgemeinen Relativitätstheorie – Eine Erweiterung. In: *Albert Einsteins Theorien über das Licht, die Gravitation und Relativität.* Chroniken der Wirtschaftsinformatik-Physik (CWIP). Band 5, Auflagen-Nr. 1.0.

Prinzipielles zur allgemeinen Relativitätstheorie – Eine Erweiterung; von E. Kolek.

Die Grundlage der allgemeinen Relativitätstheorie von Albert Einstein [*Annalen der Physik* 49, 769 (1916)] wird vorausgesetzt. Dazu gehören das Relativitätsprinzip, das Äquivalenzprinzip und das Machsche Prinzip. Als allgemein kovariante Gravitationsfeldgleichungen wurden vorgeschlagen:

$$G_{\mu v} = G_{\mu v}$$

oder

$$-x\left(\mathrm{T}_{\mu v} - \frac{1}{2} g_{\mu v} \mathrm{T}\right) = \sum_{\sigma\tau} g^{\sigma\tau}(\mu\sigma, \tau v)$$

Um das Machsche Prinzip zu erfüllen wird ein λ-Glied eingeführt in die vorherige Gleichung des Gravitationsfeldes. Das G-Feld wird also bestimmt durch die Materie beziehungsweise Masse.

$$-x\left(\mathrm{T}_{\mu v} - \frac{1}{2} g_{\mu v} \mathrm{T}\right) = \sum_{\sigma\tau} g^{\sigma\tau}(\mu\sigma, \tau v) - \lambda g_{\mu v}$$

Das Raum-Zeit-Kontinuum wird Singularitäten wie Schwarze Löcher beinhalten nach der vorherigen Gleichung für das G-Feld. Der Energietensor der Masse wird nicht gänzlich verschwinden. Die Gestalt der Erdoberfläche entspricht mehr einer sphärischen anstatt elliptischen Geometrie.

Schwäbisch Hall, den 18. Mai 2025.

Referenz

Einstein, A. (1918). Prinzipielles zur allgemeinen Relativitätstheorie. *Annalen der Physik* 55, 241.

Notizen

Notizen

Notizen